（幸福空间设计师丛书）

周靖雅　混搭新主张

古典奢华 | 都市时尚 | 简约雅致

周靖雅　著

清華大學出版社
北京

内 容 简 介

混搭并非随性将所有元素拼凑在一起，而是通过精致手法，将各种风格的优点融合，通过适当的材质搭配、色系调和，展现出空间的层次感，使住宅看起来丰富独特，使生活与空间增值。本书通过20个不同形态的设计案例，向读者展示了台湾知名设计师周靖雅及其境庭设计公司备受称赞的混搭设计手法。

随书光盘提供了作者现场录制的高品质室内设计录像节目，内容包括：空中飞人的理想家园、市区精致豪宅·郊区度假行馆、异材质精致混搭·轻古典度假宅。

本书适合有家装需求的读者、室内设计师以及高校建筑设计与室内设计专业的师生使用。

图书在版编目（CIP）数据
周靖雅混搭新主张 / 周靖雅著. -- 北京：清华大学出版社，2015
（幸福空间设计师丛书）
ISBN 978-7-302-38371-0

I. ①周… II. ①周… III. ①住宅－室内装饰设计 IV. ①TU241

中国版本图书馆CIP数据核字（2014）第250953号

责任编辑：王金柱
封面设计：王　翔
责任校对：闫秀华
责任印制：王静怡

出版发行：清华大学出版社
网　　址：http://www.tup.com.cn，http://www.wqbook.com
地　　址：北京清华大学学研大厦A座　　邮　　编：100084
社 总 机：010-62770175　　邮　　购：010-62786544
投稿与读者服务：010-62776969，c-service@tup.tsinghua.edu.cn
质量反馈：010-62772015，zhiliang@tup.tsinghua.edu.cn
印 装 者：北京天颖印刷有限公司
经　　销：全国新华书店
开　　本：180mm×210mm　　印　张：9　　字　数：259千字
附光盘1张
版　　次：2015年2月第1版　　印　次：2015年2月第1次印刷
印　　数：1~3500
定　　价：49.00元

产品编号：059843-01

推荐序1

好脾气，好耐性，好作品
还跟好朋友一样贴心又窝心

我所认识的周靖雅，真的是个脾气好到不行外加耐性十足的设计师……

我还记得，曾经有一位房主，约也签了、钱也汇了，但就因为风水老师的一句话，让房主对于所买的房子及装潢不得不临时喊卡，照一般的状况，约也签了、钱也付了，就算房主想要反悔，恐怕也不行，就只能硬着头皮，照合约走下去，不过当这位房主打电话给靖雅时，想不到她的第一个反应竟然是替房主担心那之后要住哪儿？接着立刻说出要主动退钱给房主，等到下次房主找到合适的房子，如果还是青睐她的设计，再来找她好了，我想这一切的一切，房主可是点滴在心头，所以不但没有要求退费，反而大方地把钱放在靖雅那儿，一直到他们找到新房子，还是继续委托靖雅来设计新家，这真是个圆满又温馨的结局，所以我说她是个好脾气的设计师。

至于耐心的部分，就更不用我多说，看她的作品就该知道了，毕竟混搭这门学问，除了得花心思去了解每种材质，最重要的是要把不同材质搭配得宜，并且在异中求同，另外更是讲究细腻的工法，这若非有十足的耐心恐怕还真的混搭不出个所以然来。

因此当你在看这本书时，我希望你也能耐着性子，细细去品味这书中每一个小细节，
你肯定会有惊喜发现的。

幸福空间电视节目知名主持人

推荐序2

下一站，幸福
与知性设计师周靖雅的感性邂逅

家是每个人心中唯一的牵挂。自古以来，有土斯有财、安土重迁，句句显示中国人重视家的概念。随着生活步调的紧凑，人与人之间的疏离，家提供了一个休养生息、疗伤止痛的地方，而如何在喧嚣的都市丛林中建造一个属于自己梦想的家、一个闹市里的桃花源，已经是处于二十一世纪的人们，一个刻不容缓的议题。

就像是游走在城市幽谷中的生活魔法师，兼具艺术家的感性思维、设计工作者的理性架构，以及女性独具的知性唯美。靖雅设计的室内空间作品，整体气度不凡，细节精致纯粹，收放之间，个人特质极度展现。柔美的声音和精致的五官，在人才竞逐、头角峥嵘的设计圈里，称靖雅为室内设计界的气质美女，真的是恰如其分，一点也不为过。

报着对现代设计与当代艺术的狂热，一页页美丽空间的草图概念，是无限灵感的呈现。靖雅的作品，既新潮又仿古，融合现代与新古典，深黯各种素材软件，独具无造作自然混搭风格与时尚品位，专业客制化需求；靖雅的丰富，满溢在对生活空间的热情和喜爱，细腻的心挂念的是客户对家殷切的期待与想象。

我想生活中有许多关于片刻的美好，往往一个对象、一个片段或一个熟悉的老味道，就能诱发强烈的情感依附和转换。而生活空间的多元变化也是如此，当情感随着光影，恋着珠帘，攀附着每个家具摆饰的辗转缠绵，这是一种禅思，一种哲理，一份遐想，一份惬意，在小小的空间里，流动幸福。为家选择一位好的化妆师，你的下一站，将是幸福。

知名画家 [签名]

自序

这几年来做设计，很忙很累也很充实，但始终挂念着应该再多做一件事，那就是将近几年的设计作品集结成册，记录一路走来的设计轨迹，也好借机重温我和境庭设计团队共同完成的这些迷人空间，期望更多人通过这样的图文呈现，了解我们在空间设计的诸多环节上的格外用心与执着。

我们愿意花费心力完成这些空间作品，当然要特别感谢缘分，有机会与所有房主们相遇交流。不仅完成一间间让他们心满意足的住宅空间，也让我从中学习成长。这就像是另一种形式的教学相长，因为不同的生活背景与认知想法，对我的设计思维都产生了不同程度的启发，进一步拓展专业知识上的广度与深度。更值得高兴的是，彼此无话不谈的分享与沟通，让这些房主们已在我人生中变成不可多得的好友。

成为好朋友后，我有时会问问他们：当初为什么想找我来帮忙设计住宅空间？原来是我的混搭新主张被他们所认同了。确实，混搭风格就是我从事设计以来一直坚持的信念，因为不必再面临取舍，怕多一点混乱、少一点单调，凡是喜欢的元素或者漂亮的东西，都能够和谐地予以搭配。如此一来，不仅每个住宅不会相同，而且在房主各自的特色与品位中会展现出独特的生命力。

看着他们脸带笑容地欣赏装修完成后的家，对于需在设计工作中顾及许多繁琐细节的我来说，变得很快乐，也更有成就感。而且这对于把房主的家当成自家对待的境庭设计团队来说，也是一份相当重要的肯定，平时大家各司其职又相互协助，每每总能在时间压力以及完美的自我要求中，达成一个个不可能的任务，他们不仅是我最有力的后盾，也让我倍感欣慰与骄傲。

这本作品集终于要出版了，我想借此用来感谢所有房主和我的团队，还希望大家从这20个空间作品中，认识到住宅空间的不同可能性，尤其更加认识混搭设计的魅力，开启丰富的生活视野。

周靖雅

关于周靖雅

分享·混搭·超越

许多时候，你会惊然发现眼前所见的空间，通过专业设计师赋予新意后，仿佛一改原来的模样，既开创了空间感官的震撼，又蕴含了多层面的内涵。这样的设计魅力与价值，正是境庭设计一贯的专业信念，也是设计总监周靖雅从事设计工作的初衷。

分享——创作灵感，设计无限

周靖雅小时候喜欢画画，也特别喜欢看有房子图案与照片的广告单，颜色丰富，还有各式家具摆设其间，让她深深感受到空间的迷人趣味。

后来选择进入中国工商专科学校建筑系就读，毕业后再到云林科技大学空间设计系，以及中原室内设计系研究所深造，前后十年与空间设计为伍，从建筑结构到室内空间皆有所研究，不仅接触层面广，基础扎根深厚，面对各种设计类型与空间尺度，都有能力掌握驾驭。

十年的专业养成，周靖雅学以致用并且得心应手，面对不同的业主，尽情挥洒设计的多元样貌与创意火花，让每个案子都是独一无二。在曾经的设计案例中，境庭设计经手的十几户住宅，虽然格局相同，最终却能展现出各自精彩的风格。因为周靖雅明白空间美学的根本与人息息相关，了解业主的不同性格与需求后，创作灵感自然源源不断。

设计不仅因人而异也是与时俱进的。周靖雅喜欢通过认识不同的人，学习到不一样的东西，再从差异中寻找平衡点与创意构想。总是会帮业主设计些贴心小细节的她说：“设计的过程很有趣，不会一成不变，每天都是不同的挑战和不同的惊喜。”

混搭——丰富空间，量身定制

从建筑到室内设计的专业养成背景，周靖雅在各种空间设计领域中，扩展了对不同空间风格的想象。因此她认为不管是现代、极简、日式或古典风格，都不该被单一风格所局限，应该通过精致手法，将各种风格的优点融合，也就是通过适当的材质搭配、色系调和，展现出空间层次感，使住宅看起来丰富而繁复。

这种让境庭设计与周靖雅备受称赞的混搭设计手法，并非随性将所有元素拼凑在一起。对周靖雅以及境庭设计来说，了解业主的需求与习惯，无论是生活作息还是颜色喜好，才能以此作为混搭设计手法的依据。所以在境庭设计的每个空间作品里，都可以发掘混搭手法所展现的独特视觉魅力背后，蕴含着每位业主独有的生活价值。

同时，混搭手法再次展现境庭设计所重视的“分享”精神。设计不是闭门造车，不仅要跟业主沟通分享，设计团队也要彼此分享创作理念，让设计想法更加完整，使混搭设计手法不会局限于某种形式框架。因为有了开放性与包容性，丰富视感的同时也诉说了源源不绝的生活故事。

超越——满足期望，超乎肯定

除了混搭手法让空间丰富独特，周靖雅也希望通过设计，让业主的生活加值，也让住宅空间增值。尤其身为设计师，有责任在沟通与分享中，渐渐转化业主对家的期望想象，勾勒出更完整的架构，进而创造出超乎肯定的大惊喜。

周靖雅相当重视空间细节，如果业主单纯地想要一张化妆台，不会只是空个位置摆张桌子就好，而是想到细微环节，协助设置收纳方便的珠宝盒或者独立的灯光照明，尽力将房主的需求跟设计专业进行整合。毕竟当设计逐渐完善，自然而然能替空间与生活带来意料之外的满足感与幸福感。

这份充满幸福感的惊喜背后，当然积累了足够的经验才能达成使命。周靖雅十年的专业养成，以及境庭设计创立七年来的努力，已使得“境庭”这两个字与“质量保证”画上等号，加上设计团队全都是建筑、室内设计科班出身，提供的服务更是专业可靠。

如今，一个个广受好评的空间作品已展现在大众眼前，甚至有业主请境庭设计连续规划三四套住宅，证明境庭设计无论是专业服务还是做工质量，都是值得信任的。对业主本身来说，把家交给境庭设计也不必再操半点心，还能因此结交到一位好朋友，坚信家在好友的品位与专业把关下，最终呈现人人称羡的住宅空间。

目录 CONTENTS

LINEAR

线性·自然极简

设计是千变万化的，点、线、面三元素即可创造各种惊喜。这座接待中心从建筑外观到室内空间，体现的正是设计所具有的这份神奇魔力。以德式建筑为概念的外观造型，有着跨尺度、不规则的立体结构，再运用玻璃、石材与铁件三种材质，以适当比例勾勒，营造出利落又吸引人的视觉张力。同时，建筑立面中的石材、橄榄绿及条石，均保留粗犷自然质地，刻意不填缝的设计手法，更塑造出线性延展效果。

线性设计也表现在室内接待中心，天花板的木作格栅与柜台的线条构成，让建筑内外产生呼应与对话。另外，为了突显自然情境，迎宾大厅不仅坐拥六米挑高的天花与大片采光，整面绿意盎然的植物墙，通过叶子的不同色泽，排序出横向线性视感，进一步丰富空间层次。

倚森林而居，仿佛住在大自然里，是样板房居家空间的设计概念。现代简约与自然元素并列为两大风格主轴，还原空间尺度，也通过原木、大理石及大地色系，注入居家应有的活力朝气。色泽温润的电视背景墙、横向拼接的梧桐木沙发背景墙、沉稳简练的原木柜体与楼梯格栅，甚至私人领域里陈设的木质家具，均呼应外观石柱墙和接待中心植物墙所诱发的自然情境与线性元素，尤其转移至生活空间，更加凝聚厚实饱满的人性与情感温度。

乙種工業用地
申請商業設施使用

房主感谢函

境庭设计的混搭功力很强，
不仅让人赏心悦目，还有质量保证！

Design Notes

空间面积　990m²

格局规划　接待中心、样板房

主要建材　劈裂花岗石、橄榄绿花岗石、铁件烤漆、玻璃幕墙、塑木、咖啡色扁平石、梧桐木木皮、植栽墙、木纹格栅、加多利石材、抿石子、绷布

SCENERY

纳景·收放自如

高楼层坐拥全宽幅景观的优异条件，让这空间成为房主一家人用来放松身心的度假驿站。为了呼应无压度假情境，在开放通透的格局中，巧妙设计出流畅无碍的视野与行进动线，让生活收放自如，既轻易享受户外景色，又沉浸在不过分华丽与简约的自在空间里，时时刻刻回归最轻松惬意的生活姿态。

特别是公共领域力求还原原有的空间尺度，再配置简约的L型皮革沙发、皮革餐椅以及原木餐桌，不张扬的自然色系和利落线条，展现轻盈视感。两侧立面设置枫丹白露大理石电视墙和门板被特意雕刻出树木意象的橱柜，不同材质间的搭配相互呼应，也让开放格局蕴含细腻情感。

无压利落的空间，更需精心配置复合式机能。因此在楼梯上方打造出L型吧台，提供专属于上层空间的茶水间功能，台面边缘还以清玻璃作为隔板，防止物品掉落至楼梯，下方橱柜中也可摆置小冰箱。

主卧格局宛若高级饭店，采取二进式动线，需经过可通向户外露台的书房，转换心境后才能进入睡眠区域，简约利落的构成，搭配大量原木材质，一派清新雅静。两间次卧在自然风格中，有白色砖墙烘托质朴氛围，更特别的是将小型衣帽间和卫浴，完美隐身在书柜后方，巧妙的格局变换，让空间增添独特性与生活趣味。

Design Notes

空间面积　264m²
格局规划　客厅、餐厅、厨房、主卧室、大儿子房、小儿子房、客房
主要建材　咖啡绒大理石、雕刻板、银霞大理石、灰镜、茶镜、皮革、铁件、文化石、钢刷木皮、集层材木地板

BRIGHT

明快·以人为本

简洁开放的格局里，材质的恰当演绎，不仅能够与机能完美结合，还能让各区域在连接中拥有独立性。像玄关与客厅的紧邻通透，化解原有阴暗、狭窄的缺点，再通过相近色系的石材、茶镜和木作等元素，构建出风格一致的地面、立面与端景柜，与客厅产生清楚界定。

客厅追求清爽视野中保留丰富视感，于是柔和杏色的立面与地面，融合成写意风景，电视墙则砌立金贝沙大理石，下方设计LED光带，以精致纹理与七彩变幻凝聚视觉焦点。电视墙左右与上方的清玻璃隔间，让视野得以延展至书房，强化公共领域应有的景深层次与空间张力。

移步至餐厅，现代时尚感吧台作为与厨房的分界线，其适当高度巧妙遮蔽容易脏乱的料理台，赋予用餐时光一个清爽雅致的空间背景。而为了巧妙遮掩家电线路，电视特地固定在私人领域入口的门上，通过简化手法，争取到空间的多元使用效益。

这种灵活的设计手法，依不同格局进行量身规划，巩固了生活与空间所向往的便利性。例如将柜子与立面或桌子一体成形，创造出简洁又宽敞的活动范围；甚至是客用卫浴的脏衣篮，可以让放入的衣物直接从餐厅暗柜取出送洗。证明好的设计不仅讲究视觉构成，也蕴藏以人为本的内涵。

Design Notes

空间面积　181m^2

格局规划　客厅、餐厅、主卧室、男孩房、女孩房、书房

主要建材　金属砖、激光雕刻板、金贝沙大理石、银白龙大理石、毛丝面不锈钢、烤漆玻璃、曼特宁木皮、秋香木皮

CHARM

风采 · 情感延伸

基于对材质以及配色的高超设计功力，让住宅展露不流于俗套的古典风格，并且一改原格局的缺失，享有自在舒适的生活质量。

玄关入门处，地面选择青玉石铺装，营造净透温润的视觉质感，鞋柜壁纸也挑选相近色泽纹理予以呼应，让不同材质在此处混搭出绝佳协调性。进入客厅，浅色基调中也利用不同材质辉映出丰富层次，沙发背景墙使用了银箔、画框、贝壳板、双色皮革等多种元素，前方搭配不同色系的家具，整体公共领域显现富饶而多样的空间魅力。

以休憩为主的私人领域也不例外，主卧床头墙由白色造型板、银箔及皮革三种材质组成，内敛唯美的银灰色调，相映于环绕立面铺贴的花纹壁纸，展现一种优雅美好的生活情境。

优异的材质与配色手法，不仅打造出舒适的生活质量，也改善格局本身所遭遇的风水问题。玄关端景处，上方使用夹砂玻璃，让光线仍可穿透，下方则以石材及雕花面板构成橱柜屏障，化解穿堂煞的风水顾忌。餐厅空间里，与厨房之间陈设置物台作为隔间，连同厨房本身的拉门，既挡住了油烟，置身公共领域也不会直接看见灶头。然后，利用餐厅柜体的深度，制作雕花造型拉门形成活动隔屏，让过道一旁的卧室房门不易直接对着厨房。

FRENCH

FRENCH
FRENCH Interior Design

NORDIC

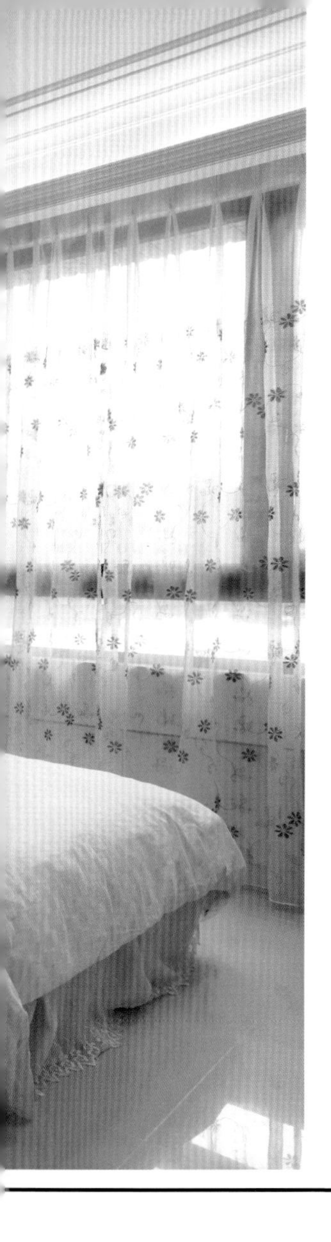

Design Notes

空间面积　148m²
格局规划　客厅、餐厅、主卧室、女孩房、客房、书房
主要建材　夹砂玻璃、雕花造型板、皮革、木作、青玉石、金贝莎大理石、银箔、画框、贝壳板、绷皮

INTEGRATION

融会·温度酝酿

多层次材质的融会与搭配，唯有高超的设计功力，才能营造出舒适且沉稳的和谐视野，进而丰富整个空间。

这间住宅的公共领域全部铺装青玉石地面，借助自然纹理延展出迎宾气势；电视背景墙使用犹如印象派风格的大理石，演绎出大器雅致的空间意境；沙发背景墙选用银色和灰色两种皮革，顶天立地拼贴出深浅层次与律动感；展示柜以茶镜为衬底，中间的柜门贴上银箔点缀奢华贵气，再运用光带外框，强化层次景深，同时因为有了光与镜面的折射映照，让收藏的艺术品以及客厅空间更显珍贵迷人。

洋溢古典气息的餐厅，大面茶镜中特地悬挂一幅艺术画作，融会成景中景的视觉焦点，让用餐情境增添艺术品位。在旁边紧邻的厨房，设置吧台为中介，让天花轻洒而下的柔和光线，可以透过上半部让视野连贯，又与餐厅的古典吊灯相映其趣。吧台立面的雕刻板图腾，也与对面书房的夹金砂玻璃门板图腾相呼应，增添行走时的趣味。

私人领域在讲究静雅舒适中，仍见材质搭配的巧思。主卧床头以金色和灰色双色绷布装点，隐约透着立体提花图案，烘托出典雅的生活氛围；另一间卧室，床头铺贴银色系古典纹理艺术壁纸，搭配简单有质感的家具，也创造出耐人寻味的隽永意境。

Design Notes

空间面积　198m²

格局规划　客厅、餐厅、厨房、主卧室、次套房、三间更衣室、书房

主要建材　珍珠贝壳板、青玉石、银箔、茶镜、金丝马赛克、壁纸、雕花板、皮革、紫杉木皮木作

CONVERTIBILITY

转化·开创无限

一进入这个家，会被眼前的景致所吸引，不仅坐落位置优越，拥有充足采光，还面向绝佳视野。因此整体空间格局在规划之初，就决定转化一般居家配置，特地沿着对外窗设计可欣赏美景的餐厅休憩区，然后让原本餐厅空间，分配给厨房与卧室，提升整体居家的舒适度。

为了让美景可以配美味，在窗边的餐厅休憩区，先架高收纳柜当成座位，再摆设一张电动升降桌，平时可让桌体与柜体齐平，用餐时再予以升高。客厅则呼应整体明亮采光与优美景色，立面均使用典雅的颜色，新古典与现代感的家具款式，展现公共领域不落俗套的质感。

原本餐厅的空间纳入厨房与卧室后，让住宅能够界定出各自完整的公共和私人领域。特别是过道加设的造型门，通过这道拉门的开与关，打造出私人领域内客房与女儿房的双套房配置。这种“房中房”的概念，营造出宁静自在的空间。同样拥有充盈采光与户外美景的主卧室，以木质纹理搭配皮革装饰，营造出温润又悠闲的生活情境；女儿房则增添粉红色，突显活泼童趣，然后上下均设计间接采光的衣柜，门板上装饰花朵雕刻，舒适中散发浪漫甜美气息，有助于给睡眠空间增添无压感。

Design Notes

空间面积 99m²

格局规划 客厅、餐厅、厨房、主卧室、小孩房、衣帽间兼客房

主要建材 进口壁纸、茶镜、大理石、贝壳板、银箔

CROSSOVER

黑白·优雅洗炼

想在居家空间之中巧妙演绎时尚和艺术感，只需适宜地借助材质、色系与线条，即可融会出独一无二的生活魅力。

房主本身擅长泼墨画，对美学的认知也有独到的见解，因此，别出心裁地选择黑白色系，希望挥洒出有个性又时尚的写意空间。进入玄关，茶镜装饰柜门板，不仅有实用功能，也借此延展景深层次。客厅内的白色立面、灰色地砖、黑色家具，以及深色木板搭配大理石的电视背景墙，构建出对比视感所具有的空间张力，展现公共领域的非凡气势。

顺着电视背景墙大理石转折进入餐厅，以亮面质感的黑作为桌椅配色，装点经典时尚风情。天花为了减轻梁柱的压迫感，装饰方形线框，与餐桌形成上下呼应，在黑白基调中打造层次感。餐厅与书房的隔间，以黑铁烤漆组成中式门板，中央部分再镶嵌夹砂玻璃，形成半透明视野，并散发幽静又复古的空间情怀。

黑与白的布局，也让主卧室吐露时尚高贵气质，无论是量身定制的皮革床组，还是以泼墨笔触制成的床单，均蕴含深邃内敛的宁静质地。主墙中的茶镜，上下搭配间接光源，投射出柔和温馨的气氛，让人轻松卸除压力进入梦乡。

Design Notes

空间面积　165m²

格局规划　客厅、餐厅、三间卧室、书房

主要建材　深色木皮、灰镜、茶镜、大理石、皮革、漂流木、灰色抛光石英砖、夹砂玻璃、黑镜烤漆、灰姑娘大理石、定制家具

PERFECT

尽善·动静皆宜

原格局不尽理想，过道动线不仅过长，餐厅也对应到不少房门，于是重新规划后，营造出方正且完整的公共领域空间。

本案的设计风格定调为轻古典，电视背景墙使用山水石，其他墙面以花卉图腾壁纸、木作柜体和茶镜装饰，柔和沉稳的相近配色，一起烘托出温馨氛围。局部墙面和柜体门板上，还以白色雕花作为装饰，点缀视觉亮点，让整个家蕴含一股雅逸风情。

外方内圆的餐厅，为了避免周围过多门板使视野显得零碎，特地让门板与墙面装饰融为一体，将厨房与卧室入口隐于立面，加上古典对称手法的布局，也使开放格局的公共领域坐拥沉稳大器风范。

私人领域延续轻古典基调，大量运用木头材质展现温馨感受。考虑到家中有四位小孩，特地让女孩拥有自己的卧室，二个小男生则共居一室，风格营造皆以充满童稚趣味的壁纸或配色装点。其中，将男孩房的床设计成通铺，书桌与柜体立面一体构成，大幅度节省空间，创造宽敞自在的活动领域。

为了让全家人还能拥有共同欢聚的场所，善加利用宽敞阳台，覆盖玻璃采光罩，引入阳光又不受风雨影响，其间摆设厚实的原木桌椅，在一天之中的任何时刻都能尽情享受这份温馨。

房主感谢函

在周靖雅设计师的专业与美感协助下，我梦想中的家实现了！

Design Notes

空间面积　231m²

格局规划　客厅、餐厅、主卧室、三间次卧室

主要建材　银狐大理石、茶镜、贝壳板、皮革、进口壁纸、雕花板

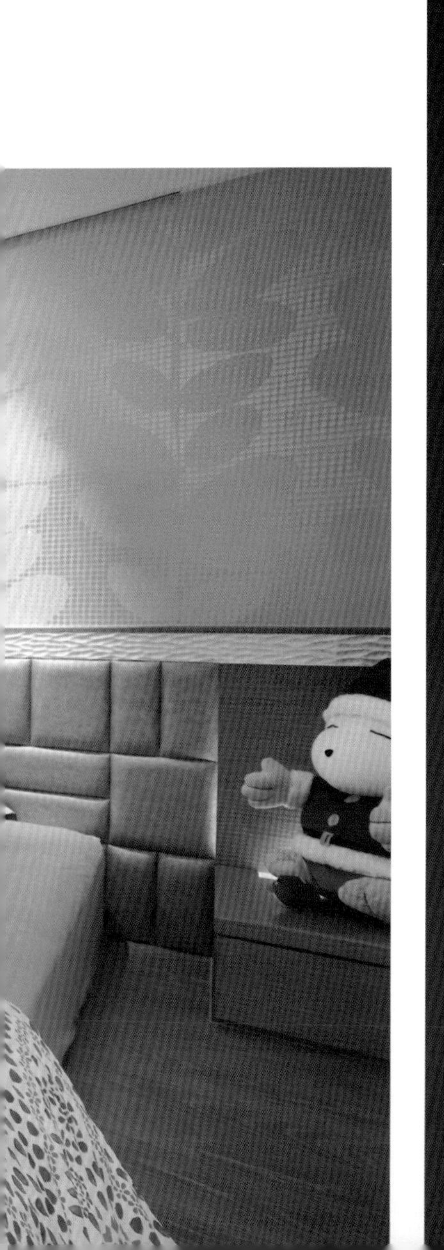

ENJOYMENT

享受·悠然自若

工作经常奔波的房主，渴望回到家能彻底卸除压力，因此将公共领域中的客厅、吧台紧邻开放，偶尔请亲朋好友到家里相聚时，能有个充裕的招待空间，享受宾主尽欢。

客厅里，电视背景墙使用烟波山水大理石，延展出大幅泼墨画般的气质与气势，然后摆设一套浅色柔软沙发，让家犹如Lounge Bar般随性自在，连同大屏幕顶级视听设备，变身私人电影院，兼顾多种生活情境。单独配置在厨房之外的酒柜吧台区，选择有独特色泽纹理的石材创造视觉焦点，即可有别于餐厅，还能有处兼顾机能与美观的休闲场合，招待朋友小酌或观看球赛转播，可以更加自在不受拘谨。

除了让家彻底享有舒压放松的氛围，风格营造更是追求低调奢华，希望在精致质感中不过分张扬。通过现代时尚装饰、暖色调以及简练线条构成的视觉感官，让人回到家即刻感染一身好心情。进入私人领域，强化温馨情境的营造，过道铺设毛绒地毯，从脚踏触感增添呵护与安全感。卧室内地板选择温润木质，立面通过壁纸与艺术线板的搭配，丰富整体视觉感受，使空间不显单调，并希望在造型、材质的相互呼应之下，使空间意象更显得流畅和谐。

Design Notes

空间面积　198m²

格局规划　客厅、餐厅、吧台、厨房、主卧室、女孩房、男孩房

主要建材　皮革、茶镜、烟波山水大理石、玉晶石、白金琉璃石材、金箔、桧木、雕刻板

SUMPTUOUS

典藏 · 华丽之姿

期望奢华中，仍保留细腻优雅的古典韵味。玄关混搭木、石、镜、皮革等素材之外，还装点雕花、菱格与鳄鱼纹理等精致细节，让迎宾气势不仅震撼，更可细细品味。

客厅是另一个不同材质混搭秀的大舞台。电视墙混搭金贝沙、黑网石，对花拼出大 V 字形，再搭配银箔、壁纸、茶玻璃、激光雕花，让单一墙面创造丰富表情。沙发背景墙呼应主墙的多样性，采用对称手法铺贴银箔与贝壳板，左右两盏华丽壁灯，也让光影在混搭材质上营造出不同视感层次。

颇具古典层次美感的餐厅，圆弧天花对应圆形餐桌，在方正的开放格局中，仿佛层层圈围出和谐意境，加上一盏水晶吊灯聚焦投射，增添用餐时的奢华情趣。

为了表现古典奢华，大胆利用诸多金银色系材质展现出大宅气势。主卧寝具与床头柜选择金银色，再以紫色及雪白色等不同材质装饰床头主墙，创造多重视觉享受。小孩房同样是古典基调，立面选择粉嫩色系衬托，衣柜门板装饰激光雕刻的粉色幸运草，赋予活泼童趣感。客房则追求多功能，结合书房、琴房于一体，还架高地板让下方隐藏侧掀式收纳空间，维系住视野的清爽，并彰显空间的多元使用效益。

Design Notes

空间面积　297m²

格局规划　客厅、餐厅、五间卧室

主要建材　激光雕花、黑网石、金色木雕、鳄鱼纹皮革、灰镜、菱形格纹皮革、金贝沙大理石、茶色玻璃、银箔、金箔、贝壳板、喷砂玻璃、线板、壁纸

PARTICULARS

造景 · 完美细节

氛围的营造不只讲究表象，还可通过量身定制赋予空间恰如其分的细腻情感。这一位于顶楼的住宅坐拥绝佳景色视野，因此被设定为休闲度假之用，整体规划不仅讲究气氛营造，也着重于尊贵又舒适的生活细节布局。

鉴于作为招待所的需求，亲友宾客欢聚的餐厅即陈设在进门处，形成空间重心所在。其间摆设黑白二色皮革餐椅与大理石餐桌，天花再垂坠一盏水晶灯，相衬以壁纸、皮革及雕刻板组成的电视背景墙，以及两侧大量运用茶镜、皮革、木皮的立面，不仅空间感饱满丰富，用餐环境也十足时尚气派。同时，主卧室、女孩房、书房及厨房的入口，都隐藏在镜面交错的线条之中，简化了空间线条，开创最为舒适无压的生活背景。

沿着锻造铁艺楼梯旋绕而上，褚红色的金属美耐板墙面以及二楼玄关的洞石端景墙，整体鲜艳斑斓的色泽纹理，散发出奢华雅致的空间质地，让人倍感尊宠。进入客厅更是惊喜不断，因为户外有视野绝佳的景观露台，大面积的落地窗让室内外进行连接，坐在客厅里就能轻易欣赏到庭院绿意。客厅后方的大理石弧形吧台，也以其自然线条纹理，呼应出品位大方又赏心悦目的休闲雅趣。

Design Notes

空间面积　330m^2

格局规划　客厅、餐厅、三间卧室、露台（造景庭园）

主要建材　瑞士白大理石、洞石、国宝山水大理石、梦幻米黄大理石、金属美耐板、皮革、壁纸、银箔、造型板、雕刻板、茶镜

REFINEMENT

玩味・经典时尚

这间混合大量金、银、白色的轻古典住宅，完美地融合了经典风采与时尚美学。

开放格局的公共领域里，使用亚历山大大理石诠释电视背景墙的壮阔气势；视听器材台面铺设银白龙石，以其精致纹理与深浅色差，对比出时尚现代感；沙发背景墙使用两种色系皮革横向拼接，两侧再以对称手法设置茶玻璃，让视野得以隐约穿越至书房，使轻古典风格也显得通透轻盈，丝毫不觉沉重。

进入餐厅，橱柜门以茶镜装饰延伸视觉效果，另一侧墙面设置白色悬空式餐柜，下方以间接照明光带降低压迫感，与餐桌椅相互呼应，使整体用餐气氛更加雍容大方且时尚高雅。

延续金、银、白所创造的低调奢华与时尚生活背景，私人领域再增添木质元素，营造沉静温馨的气氛。主卧室铺装玉檀香木地板，烘托出纾解压力的静谧气氛。床头主墙由四种色系对称排序，白色衣柜门板则装饰图腾雕刻，辉映出古典风格所散发的细腻质感。主卧卫浴内，天花特地使用南洋进口桧木，满足房主对原木质感的渴望，将泡澡池与淋浴间并置，打造出高级饭店规格。
小孩卧室则善用童趣色系柔化空间视野，女孩房的粉红色以及男孩房的亮绿色，既与新古典基调相辅相成又增添些许朝气。

Design Notes

空间面积　198m²

格局规划　客厅、餐厅、厨房、主卧室、两间小孩房、书房

主要建材　金箔板、金贝沙石材、亚力山大大理石、银白龙石、茶玻璃、玉檀香木地板、桧木、雕刻板

DELICATENESS

精致·视觉流畅

家，不会只有一种样貌。伴随着家人的成长、时间的累积，以及顺应不同的生活步调，本来就该处处展露耐人寻味的富饶景色。本案格局方正且采光充足，公共领域再以一体式连贯开放，建构最大化视野，且为了让大格局的生活背景和谐顺畅，立面使用多种材质混搭，既单独赋予各区域视觉焦点，又烘托出丰富层次。

从玄关延展至餐厅的茶镜，扩展出空间气势；以玫瑰花纹壁纸的餐厅主墙，衬托古典造型木质桌椅与柜体，营造用餐时的雅致意境；客厅电视墙使用大理石，沙发背景墙则以双色皮革装饰，大器丰富却不繁杂。更重要的是，无论从哪个角度驻足观看，均感受到流畅与自在。

回家，总渴望安稳与依赖，不妨借助材质的丰富搭配，营造出空间的细腻表情。在区分睡眠、书房、更衣三个区域的长型格局主卧里，床头主墙以皮革绷布作为装饰，对应于深色木质电视柜、门板装饰雕花的橱柜，以及书房木质拉门与薄纱门帘，彼此呼应的材质，融会出和谐的视觉感受，使私密时光倍感安全与呵护。

两间小孩房，也通过柔美配色与浪漫图腾，赋予青春气息与归属感，弧形或波浪曲线的天花，让生活感更显浓郁，连同墙面或柜体装饰的花朵造型，展现完整一致的空间情趣。

Design Notes

空间面积　198m^2

格局规划　客厅、餐厅、厨房、主卧、二间女孩房、书房兼客房

主要建材　贝壳板、线板、茶镜、皮革、大理石、银箔

INTENSION

涵养·游刃有余

即使住宅面积不大，古典风格的诠释仍能游刃有余。公共领域以银灰色作为主色调，再运用对称手法，使空间满溢雅致温馨格调。

电视背景墙选用整面白色大理石，以其自然纯净的纹路肌理，背后搭配花纹壁纸与上下间接光源，成功营造出层次感并凝聚视觉焦点。两侧则以对称白色雕花柜装饰，发挥出画龙点睛之效，展现古典韵味。金边搭配黑色皮革的古典样式沙发，背景墙铺贴富含珍珠光泽的图腾壁纸，两侧同样以对称手法设置镜面与壁灯，不同材质的高超混搭技法，展露不拘于形式的时尚古典气质。

在开放式餐厅里，菱形切割装饰的灰镜折射出明亮宽敞的空间，立面与门板则装饰金银两色精致雕花，衬托黑色餐桌椅以及水晶吊灯，使用餐气氛显得奢华尊荣又雅致脱俗。餐厅一旁有间小佛堂，特地设计一道隔间拉门，划分出各自的独立空间，不受干扰。

延续公共领域的新古典风格，卧室的设计舒适简约又不失华丽感。像主卧在紫色与白色系搭配中，兼顾温馨与奢华情境。将窗边规划成休息区，不仅是观景休憩的最佳角落，也提供了隐藏式收纳柜，维系空间优雅基调。两间小孩房各有风情，男孩房使用银灰色有炫光效果的壁纸，展现独特空间创意；女孩房以粉嫩色系营造浪漫气氛，特别是天花板修饰的弧形曲线，增添了柔和温馨的感觉。

Design Notes

空间面积　$115m^2$

格局规划　客厅、餐厅、厨房、主卧室、男孩房、女孩房

主要建材　黑网石、银狐大理石、灰网石、白色大理石、壁纸、皮革

N°19
CHANEL
Ricci Ricci

RELAXATION

舒张·亲近自然

导入阳光、空气与自然气氛后，这个家就扬起悠闲纯朴的主旋律，每每回家即能洗涤工作上的疲惫，沉浸在桧木香味中，日日培养度假般的好心情。虽然是老房，但通过局部装修，还原空间格局，并开创一大面景观窗，坐在家里就能很容易地与室外山景进行对话。地板使用观音石铺装，立面选择有明显纹理的梧桐木进行横向排列，一来以厚实温润的自然元素营造出从容自在的气氛，二来营造出延伸感，使生活空间更显宽敞大方。

为了让用餐气氛呼应这股悠闲意境，摆设深色餐桌椅，相衬白色橱柜，对比出活力朝气。转至私人领域，更加善用原木质地，在空间结构中装点浓郁度假情绪。和室从台阶开始即使用整块原木，朴质不经修饰的切面，让空间蕴含自然韵味。利用原木剩料制作的一张小巧茶几摆设其中，营造出舒适的修身养性场所。

主卧空间，沿着窗边设计出平台与坐卧区，在这里可以喝茶、看书或休息，让空间多份快活与惬意。在主卧室的卫浴中，调整马桶位置，让原本拥挤的格局有了明确动线，整室使用桧木立面与天花，原木浴缸旁设计原石粗矿墙面，空间满溢现代人最渴求的自然乐活意趣。

Design
Notes

空间面积　165m²

格局规划　客厅、餐厅、厨房、主卧室、和室、次卧室

主要建材　桧木、观音石、梧桐木皮、茶镜

SENSATION

感知·拥抱生活

充足的阳光，映照着沉稳优雅的轻古典住宅，不仅明亮舒畅，视野在隔间及镜面之间通透折射，也格外感受到轻古典所蕴含的清新恬静。置身客厅最能深刻体会，露天阳台中营造的植栽绿意，随着落地门窗的开启，让室内外连接一体，充足的阳光映照着梦幻水晶大理石电视墙以及浅白色系沙发组，让空间显得悠然自得。加上通过隐藏设计手法，将视听器材收纳在以皮革、茶玻璃混搭的图腾电视机柜里，使公共领域坐享大器简洁结构线条，散发家中最需要的纾压情绪。

餐厅也在浅色系中营造放松气氛，主墙面铺设菱格切割茶镜，呼应水晶吊灯以及与玄关区隔的格栅屏风，层层交叠折射，使空间视感丰富而不繁复。将科技建材融合到轻古典风格中，打造出符合当代生活的便捷空间。客厅后方的书房，用于让一家四口阅读与上网，除了有对外窗引入阳光，还制造隔墙上方的透视效果，享受开阔格局不受拘束。但如果不想被打扰，只要按下遥控器按钮，便可启动隔间玻璃上的科技薄膜，达到阻隔效果，使书房拥有完整的独立隐密性。

私人领域也依照生活需求，兼顾古典温馨与现代舒适。无论是温馨宽敞的主卧室、改善斜切角格局的长辈房、温馨童趣的小孩房，还是设计下拉式床的客房，都充分利用空间的每一处可能，编织出感性又知性的生活情趣。

Design Notes

空间面积　231m^2

格局规划　客厅、餐厅、厨房、主卧室、两间次卧室、书房

主要建材　茶镜、青玉石、琥珀色水晶、梦幻水晶大理石、皮革、茶玻璃、贝壳板、银箔、木皮、科技薄膜

HARMONY

和谐·写意空间

坐拥露天庭园的独栋别墅，延续户外造景的闲情逸趣，室内空间也在奢华基调中追求自然情境，享受现代陶渊明式的悠闲生活。

因为室内空间宽敞，加上餐厅与客厅地板有高低落差，造就出开放格局中的层次感，并延伸出视野气势。客厅使用建材与颜色进行搭配，展现大器奢华与悠闲气氛，无论是状似树木纹理的大理石电视背景墙，还是靠窗处特地架高木地板规划的品茗区，以及原木展示平台，都让公共领域兼顾奢华与自然的平衡，打造出和谐人文居家。

房主相当重视的餐厅及厨房，两者空间予以开放整合，桧木的八人用餐桌，平时与橱柜立面结合，但也可向外移动变成十人长型餐桌，活化空间配置。考虑到房主时常下厨的需求，厨房沿墙设置L型厨具，还摆设中岛当作工作台，并设置电热炉和垃圾桶，提供完善的使用功能。

主卧室为了维系典雅温馨的情境，要求电视必须能够隐藏，于是贴心设计电动门板，随需求进行开关控制。男孩房选用沉稳的灰紫色为主色调，系统衣柜门装饰闪闪发亮的马赛克来点缀活力时尚感。卫浴则均以大自然汤屋为设计基准，使用南方松、桧木、大理石为主要建材，打造置身山林泡汤的纾压乐趣。

Panasonic

Design
Notes

空间面积　363m²

格局规划　庭院、客厅、餐厅、书房、主卧室、两间次卧

主要建材　大理石、咖啡绒大理石、青玉石、茶镜、金箔、皮革、桧木、壁纸、集层木地板、夹砂玻璃

ABUNDANT

混搭·饶富趣味

这间倍感雅致和谐的轻古典风格住宅，使用超过十种壁纸，不少立面还通过不同材质混搭呈现，却丝毫不觉花俏复杂。因为在整体搭配上，充分考虑色系的兼容与呼应，无论编织纹路、拼图图案还是鸟语花卉，均一体烘托出精致优雅的空间质地，并通过软硬或厚薄的材质差异，诉求出丰富的空间层次。进入玄关，端景中央铺贴花卉图腾壁纸，外框则由线板、银箔和编织皮革层层框围，展现迎宾气势又凝聚视觉焦点，辅助动线转入客厅。

客厅电视背景墙为翡翠玉石，显露温润柔和的视觉感受，但下方电视柜则颜色较深，对比出分明层次；沙发背景墙除了有双色皮革绷布的装饰，左右以对称手法设置喷砂玻璃，让视野延伸穿透至后方书房，并将房主喜爱的不锈钢作为收边材质，巧妙融合一点也不突兀。餐厅中的圆形餐桌与圆弧天花辉映出和谐意象，再垂坠一盏水晶吊灯，越加散发金碧辉煌的奢华气氛；一旁的柜体，为了不让其显得过于沉重，四周搭配间接光源照明，表面也由浅色线板、烤漆和皮革混搭装饰，呈现出优雅轻盈感。

主卧是另一处混搭美学的极致表现，床头立面除了艺术线框、皮革和镜面之外，也使用了石材，使优雅宁静的私人领域增添独特韵味。床尾的电视墙面铺贴粉色系壁纸，再设计可以开阖的立体雕花门板，使精心营造的空间情境完整而协调。

Design
Notes

空间面积　215m²
格局规划　玄关、餐厅、客厅、书房、主卧室、客房、女儿房
主要建材　大理石、壁纸、雕刻板、皮革、银箔、线板、贝壳板

ULTIMATE

极致 · 独具风华

两户打通后的住宅，除了满足三代同堂各自的生活需求，大器优雅的美式乡村风格，更呼应优异格局与采光等先天条件，享有多元舒适的居家情趣。

进入玄关，避免视野直透客厅，于是设立隔墙并装饰横向延伸的黄金洞石，以其接近半宝石的瑰丽纹理，连同间接光源及下方的实木茶几，散发出雍容明朗的迎宾气度。开放式的客厅与餐厅，米白色的立面，加上有一整面窗户引入充足日光，相互映照下，连同室内木地板、乡村风格沙发和提花餐桌椅，烘托出让人十足依恋的温馨自在感受。

主卧空间追求净雅、恬适，没有过多的装饰，连家具摆设也恰到好处，古典造型床组与两侧床头柜、落地灯相互辉映，电视也简单摆设在木质桌几上，一大片阳光穿透落地窗后在空间里优游，营造出最迷人放松的休憩景致。

男孩房以淡绿色为基调，搭配原木家具与海岛型仿古木地板，沉静中不失活泼感；女孩房沿用美式乡村风格，优雅碎花壁纸搭配整面白色衣柜，营造出幽静氛围。浴室空间也各见精彩，其中一间不仅地面和浴缸皆以板岩石材精工打造，享有极致泡汤乐趣；另一间还以波斯粉红大理石搭配花卉壁纸，开启如梦似幻的生活视野。

Design Notes

空间面积　330m^2

格局规划　客厅、餐厅、厨房、花园、主卧室、三间次卧、娱乐室、佛堂

主要建材　黄金洞石、海岛型仿古木地板、波斯粉红大理石、梧桐木皮木作、雕花木作、茶镜、碎花壁纸、板岩

FASCINATING

透视·耐人寻味

为了不只是单纯的展示空间，这个由两户打通的艺廊，除了中间地带设计吧台，整体开放视野再以隔间划分不同区域，如陈设沙发、视听器材的数字展示区，或是摆设座椅的艺术品展示区，都让人可以随时优雅地坐下，或欣赏画作或分享彼此的艺术见解，犹如回家般放松没有压力。

一进门就能看见空间中心的吧台，为了呼应随性自在的设计基调，这一区域架高木地板，赋予温馨休闲意境，下方以及一旁隔间还以光带勾勒出结构线条，雕塑出视觉层次。然后相对于四周立面多以浅色壁纸为背景，吧台背景墙则铺贴深色壁纸，形成强烈视觉对比，使空间衍生出景深变化。吧台与左侧展示区以木隔栅为区隔，数字展示区也有格栅与线帘划分区域，均使艺廊在开放之中保有隐约穿透的视觉趣味，让空间跟艺术品画作一样耐人寻味。

展示区的部分，一侧展览区设置一道隔间，划分成两小区，增加展示画作的面积，另一侧则全然开放，只在入口处的墙壁铺设整面魔术贴，希望让画作除了悬挂之外，还有随性错落的展示方式。整体空间靠窗处都装设落地窗帘，用来调节光线，维持室内温馨幽静气氛，也能够转化成装饰作用，通过深浅对比更能增强空间感。

Design Notes

空间面积　165m^2

格局规划　吧台区、数字展示区、艺术品展示区、储藏室

主要建材　灰姑娘大理石、超耐磨地板、木作、壁纸